FORSCHUNGSBERICHT DES LANDES NORDRHEIN-WESTFALEN

Nr. 2633/Fachgruppe Maschinenbau/Verfahrenstechnik

Herausgegeben im Auftrage des Ministerpräsidenten Heinz Kühn
vom Minister für Wissenschaft und Forschung Johannes Rau

Prof. Dr.-Ing. Carl Kramer
Prof. Hans-Joachim Gerhardt, M. Sc.
Ing. (grad.) Siegfried Scherer
Strömungslaboratorium im Fachbereich Flugzeug- und Triebwerkbau
Fachhochschule Aachen

Untersuchungen zur aerodynamischen Detailoptimierung von Personenkraftwagen mit Hilfe von Modellversuchen im Windkanal

WESTDEUTSCHER VERLAG 1977

CIP-Kurztitelaufnahme der Deutschen Bibliothek

<u>Kramer, Carl</u>
Untersuchungen zur aerodynamischen Detailopti-
mierung von Personenkraftwagen mit Hilfe von
Modellversuchen im Windkanal / Carl Kramer;
Hans-Joachim Gerhardt; Siegfried Scherer. -
1. Aufl. - Opladen: Westdeutscher Verlag, 1977.

(Forschungsberichte des Landes Nordrhein-
Westfalen; Nr. 2633 : Fachgruppe Maschinen-
bau, Verfahrenstechnik)
ISBN-13: 978-3-531-02633-6   e-ISBN-13: 978-3-322-88371-1
DOI: 10.1007/978-3-322-88371-1

NE: Gerhardt, Hans-Joachim:; Scherer, Siegfried:

ISBN-13: 978-3-531-02633-6

<u>Inhalt</u>

1. Einleitung

Bei der Entwicklung und der Formgestaltung moderner Personenkraftwagen werden in zunehmendem Maße aerodynamische Gesichtspunkte mit-
berücksichtigt. Gerade in den letzten Jahren wurden in der Kraftfahr-
zeug-Industrie zahlreiche aerodynamische Versuchsanlagen in Betrieb
genommen. Dies zeigt, daß der aerodynamischen Güte auch bei Serien-
fahrzeugen eine große Bedeutung zuerkannt wird.

Die aerodynamische Optimierung eines Personenkraftwagens geschieht
nicht nur im Hinblick auf einen möglichst niedrigen Luftwiderstand
und damit geringeren Kraftstoffverbrauch bei höheren Geschwindig-
keiten. Durch die am Fahrzeug angreifenden Luftkräfte soll dessen
aktive Sicherheit nicht verringert, sondern möglichst noch erhöht
werden. Weitere Probleme, bei denen die Strömungseigenschaften eines
Fahrzeuges eine große Rolle spielen, sind die Verschmutzung von Schei-
ben und Schlußleuchten, die Kühlung der Auspuffanlage und der Brem-
sen sowie die für die Behaglichkeit und den Komfort des Fahrers
wichtige Be- und Entlüftung des Fahrgastraums und die Reduzierung
von Windgeräuschen. So durchlaufen moderne Karosserien, bevor sie
ihre endgültige Form erreichen, meist eine umfassende aerodynamische
Entwicklung, bei welcher der von Kosten und Styling gesetzte Spiel-
raum maximal genutzt wird.

Aus Kostengründen werden solche Untersuchungen von den meisten Auto-
mobilfirmen an verkleinerten Modellen, z.B. im Maßstab 1:4 oder 1:5
durchgeführt. Die Kosten solcher Modellversuche sind eine Größen-
ordnung niedriger als die Kosten für Messungen an Fahrzeugen bzw.
Fahrzeugmodellen in Originalgröße. Sie empfehlen sich daher insbesondere für umfassende Parametervariationen im Frühstadium einer Neu-
entwicklung. Es können umsomehr Untersuchungen an Modellen durchgeführt werden, je zuverlässiger die Übertragung von Modellergebnissen
auf die Großausführung möglich ist. Daher ist die Frage der Übertragbarkeit von Modellversuchen von großer wirtschaftlicher Bedeutung. Hier müssen die Grenzen für die Übertragbarkeit von Modellmessungen genau bekannt sein, und insbesondere interessiert, wie durch
Verfeinerung der Modelltechnik diese Grenzen erweitert werden können.

Die größte Beachtung bei der aerodynamischen Formgestaltung eines
Personenkraftwagen wird üblicherweise der Fahrzeugkarosserie ge-
schenkt. Demgegenüber wird die Fahrzeugunterseite vielfach vernachlässigt. Die vorliegende Untersuchung soll daher auch zur Klärung
der Frage beitragen, wie die Bodengruppe an der Aerodynamik des ge-
samten Fahrzeuges beteiligt ist.

2. Übertragbarkeit von Ergebnissen aus Modelluntersuchungen auf die Großausführung

Erkenntnisse aus Modellversuchen können nur dann für die Gestaltung
der Großausführung herangezogen werden, wenn ihre Übertragbarkeit
hinreichend gesichert ist.

Die REYNOLDSzahl

$$Re = \frac{l \cdot v}{\gamma}$$

mit l = charakteristische Abmessung, v = Anströmgeschwindigkeit
und γ = kinematische Zähigkeit ist für den Modellversuch im üblichen Windkanal kleiner als bei der Großausführung. Da die Versuche
etwa bei den Strömungsgeschwindigkeiten durchgeführt werden, die
für die Großausführung interessieren, unterscheiden sich die
REYNOLDSzahlen für Original und Modell ungefähr um den Modellmaßstab. In kritischen Fällen kann sich daraus bereits ein Unterschied
ergeben. Über ein solches Beispiel wird von W.H. HUCHO (1) berich-
tet. Aus Windkanalversuchen sollte das optimale Verhältnis von
Vorderkantenradius r zu Fahrzeugbreite b für einen Kastenwagen bestimmt werden. Als optimal wird der Vorderkantenradius bezeichnet,
dessen weitere Vergrößerung zu keiner weiteren Widerstandsverringerung mehr führt. Die Untersuchung am Original ergab bei der REYNOLDS-
zahl $Re = 7,7 \times 10^6$ das Verhältnis r/b = 0,03 und für Versuche mit
einem Modell im Maßstab 1:4 bei $Re = 3,5 \times 10^6$ das Verhältnis
r/b = 0,06.

Die angegebenen REYNOLDSzahlen sind auf die Fahrzeugbreite bezogen.
Rechnet man sie auf den Kantenradius um, so findet man, daß eine
Vergrößerung des Kantenradius dann nicht mehr lohnt, wenn die auf r
bezogene REYNOLDSzahl im Original

$$r/b = 0,03 \qquad Re_{r,O} = 2,31 \times 10^5$$

und im Modell

$$r/b = 0,06 \qquad Re_{r,M} = 2,1 \times 10^5$$

erreicht. Diese REYNOLDSzahlen unterscheiden sich nur wenig und
liegen im Bereich der kritischen REYNOLDSzahl für den Kreiszylin-
der.

Wie dieses Beispiel zeigt, kann die Übertragung von Ergebnissen
aus dem Modellversuch auf das Original dann zu erheblichen Abweichungen führen, wenn z.B. an einem Kantenradius oder einer Abrundung im Modell die Strömung noch laminar ablöst, sich aber beim
Original bereits vor der Ablösung eine turbulente Grenzschicht
ausbildet.

Abgesehen vom REYNOLDSzahl-Bereich ist die Strömung für Modell
und Original auch in Bezug auf ihre Randbedingungen unterschiedlich. Bei der Großausführung herrscht unmittelbar auf der Fahrbahn
relativ zum Fahrzeug die Fahrgeschwindigkeit, welche im Modellversuch der Anblasgeschwindigkeit entspricht. Beim Modell ist unmittelbar an der Oberfläche der Fahrbahnplatte die Relativgeschwindig-
keit zum Fahrzeug null. Im Modellversuch bildet sich folglich zwischen Fahrzeug und Fahrbahnplatte eine reine Kanalströmung aus. Bei
der Großausführung ist der dort ebenfalls durch die Verdrängungswirkung des Fahrzeugs entstehenden Kanalströmung noch eine Scherströmung überlagert. Die größten Auswirkungen dieses Unterschiedes sind
bei aerodynamischen Studien der Fahrzeugunterseite zu erwarten, die
im Windkanal durchgeführt werden sollen. Daher wurden Vergleichsuntersuchungen der Strömung an der Fahrzeugunterseite im Windkanal am
Modell und bei Fahrversuchen mit dem Originalfahrzeug durchgeführt
(2).

Für die Untersuchung stand ein PKW Ford-Escort und ein Windkanalmodell dieses Fahrzeugs im Maßstab 1:5 zur Verfügung. Bild 1 zeigt
das Modell im Windkanal der Fachhochschule Aachen. Es handelt sich
um einen Göttinger Windkanal mit Freistrahlmeßstrecke und einem
Strahldurchmesser von ca. 1,1 m. Die maximale Blasgeschwindigkeit
beträgt 40 m/s. Das Modell ist mit einer Drahtaufhängung an Vorder-
und Hinterachse an einer mechanischen Laufgewichtswaage aufgehängt.
Die Fahrbahn wird durch eine Platte simuliert, die bei Seitenwind-
untersuchungen zusammen mit Modell und Waage um eine gemeinsame vertikale Achse gedreht wird.

Zum Vergleich von Windkanalmessung am Modell und Fahrversuch mit dem
Originalfahrzeug wurden am Modell und am Originalfahrzeug an der
Unterseite Druckverteilungsmessungen und Messungen des Geschwindigkeitsprofils an verschiedenen Stellen zwischen Fahrzeug und Fahrbahn
durchgeführt. Bild 2 zeigt die Lage der Meßstellen am Originalfahrzeug. Der statische Druck an diesen Druckbohrungen wurde mit einem
Flüssigkeits-vielfachmanometer gegen den Gesamtdruck gemessen. Die
Bestimmung des Gesamtdruckes erfolgte mit einem PRANDTL-Rohr, das
mit einer Haltevorrichtung hinreichend hoch über dem Fahrzeugdach
montiert war. Um eine gleichzeitige Ablesung aller Drücke zu ge-
währleisten, wurden die Manometer im Fahrzeug fotografiert. Bild 3
zeigt ein typisches Foto.

Am Modell erfolgte die Messung der Druckverteilung sowohl unter dem
Fahrzeug als auch im Längsschnitt der Modellkarosserie. Da Druck-
bohrungen in der Karosserie des Originalfahrzeugs nicht angebracht
werden konnten, wurde die am Modell gemessene Druckverteilung mit
Meßwerten verglichen, die L.G. STAFFORD im Windkanal an einem
Originalfahrzeug des gleichen Typs erhalten hat (3).

Die Ergebnisse zeigt Bild 4. Aufgetragen ist der Verlauf des Druck-
beiwertes c_p = p/q für Modell und Original für die angegebenen
Schnitte. Insbesondere für die Oberseite ist die Übereinstimmung
des Verlaufs der Druckbeiwerte außerordentlich gut. Die geringfü-

gigen Abweichungen können sowohl durch kleine Formabweichungen des
Modells als auch dadurch erklärt werden, daß die Anstellung des
Modells möglicherweise anders war, als die Anstellung des Original-
fahrzeugs bei den Messungen von STAFFORD. Trotz der Karosserieform
mit gut gerundeten Kanten zeigt dieser Vergleich keinen merklichen
REYNOLDSzahl-Effekt.

Auch der Vergleich der Druckverteilung entlang der Fahrzeugunterseite zeigt für Modell und Original nur geringe Unterschiede und eine
gute Übereinstimmung der Lage der Extrema. Die im Vergleich zur
Fahrzeugoberseite größeren Abweichungen im Druckniveau können dadurch erklärt werden, daß die Modell-Bodengruppe dem Original nur
recht grob nachgebildet war. Außerdem konnte bei den Modelluntersuchungen die Kühlerdurchströmung nicht dem Original genau entsprechend simuliert werden. Der im Vergleich zum Original höhere
Luftstrom zwischen Fahrzeugunterseite und Fahrbahn führt zu einer
Absenkung des Druckniveaus und zeigt sich auch deutlich aus den im
Folgenden noch behandelten Messungen des Geschwindigkeitsprofils
zwischen Fahrbahn und Fahrzeugunterseite. Ein Einfluß der feststehenden Fahrbahn auf die Geschwindigkeitsverteilung in Nähe der
Fahrzeugunterseite ist aus diesen Meßergebnissen nicht zu erkennen.
Trotz unterschiedlicher REYNOLDSzahlen und unterschiedlichen Randbedingungen an der Fahrbahn bei Modell und Original lassen sich
demnach aus Modelluntersuchungen der Bodengruppe zumindest gute Nä-
herungsangaben für das Originalfahrzeug ableiten. Es scheint demnach
lohnend, die Bodengruppe im Modell - auch bei dem kleinen Maßstab
1:5 - möglichst originalgetreu herzustellen und insbesondere einige
Sorgfalt auf die Simulation der Kühlerdurchströmung zu verwenden.
Einige Ergebnisse der Geschwindigkeitsprofilmessungen unter dem Fahrzeug sind in Bild 5 dargestellt. Die Messungen wurden jeweils mit
und ohne Bug-Spoiler durchgeführt. Auf den Spoilereinfluß wird spä-
ter noch eingegangen. Vor dem Fahrzeug stimmen die am Modell und am
Original gemessenen Geschwindigkeitsprofile erstaunlich gut überein.
Beim Modell wirkt sich der Einfluß der Grenzschicht an der Fahrbahnplatte offenbar nur im Bereich sehr kleiner Fahrbahnabstände -
bezogen auf das Originalfahrzeug 5 cm und weniger - aus. Für den
Meßschnitt im Bereich der Vordersitze ist für das Fahrzeug ohne
Spoiler das Geschwindigkeitsprofil unter dem Modell völliger als
unter dem Original. Dies ist, wie bereits erwähnt, darauf zurückzuführen, daß die Durchlässigkeit des Kühlergrills im Modell im Vergleich zum Originalfahrzeug zu groß war. Für Original und Modell
mit Spoiler ist die Übereinstimmung wesentlich besser. Bemerkens-
wert ist, daß die Maximalgeschwindigkeit $v \approx 1{,}2 \times v_o$ (v_o = Fahrgeschwindigkeit) in beiden Fällen auf Originalabmessungen bezogen ca.
5 cm über der Fahrbahn auftritt. Auch beim Originalfahrzeug domi-
niert demnach der Einfluß der verdrängungsbedingten Kanalströmung
gegenüber der Scherströmung. Im Meßschnitt unter dem Kofferraum
wirkt sich die unterschiedliche Durchlässigkeit der Frontpartie bei
Modell und Original nicht mehr stark aus, und die Übereinstimmung
der Geschwindigkeitsprofile ist wieder recht gut. Für Modell und
Original besitzen die Geschwindigkeitsprofile in einem Fahrbahnab-
stand von etwa 10 cm eine vertikale Tangente. Der Einfluß der Scherströmung im Original muß sich also auf einen Abstandsbereich

beschränken, in dem beim Fahrversuch wegen der Gefährdung der
Sonde keine Messungen mehr durchgeführt werden konnten.

Druckverteilungsmessungen an der Fahrzeugunterseite verursachen
modelltechnisch hohen Aufwand. Einfacher ist die Messung der Druckverteilung unter dem Fahrzeug auf der Fahrbahnplatte. In Bild 6
sind Messungen an der Modellunterseite und auf der Fahrbahnplatte
miteinander verglichen. Abgesehen von den Extremwerten stimmt der
Verlauf der Kurven gut überein. Zur Beurteilung der Unterseitenströmung dürfte daher in den meisten Fällen die einfacher durchzu-
führende Druckverteilungsmessung auf der Fahrbahnplatte ausreichen.

Die gute Übereinstimmung der Umströmung von Modell und Original
geht auch aus dem Vergleich der beiden Strömungsaufnahmen Bild 7
und Bild 8 hervor. Am Modell wurde die Strömung mit der Wandspur-
technik sichtbar gemacht, am Original durch Aufkleben von Wollfäden.
Die Richtung der Stromlinien stimmt für Modell und für Original
sehr gut überein. Dies gilt auch für den unteren Seitenwandbereich
zwischen Vorder- und Hinterachse, in dem sich Abweichungen durch
den Einfluß der feststehenden Bodenplatte beim Modellversuch am
deutlichsten zeigen müßten.

3. Untersuchungen zur Wirkungsweise von Bug-Spoilern

Ein einfaches und wirksames Mittel zur Verbesserung der aerodynamischen Eigenschaften eines PKW stellt ein Bug-Spoiler dar. Man
versteht darunter eine streifenförmige Aufkantung, die unterhalb
der Schürze unter der vorderen Stoßstange über die ganze Fahrzeugbreite verlaufend, senkrecht zur Fahrbahnebene angebracht ist. Ein
solcher Spoiler bewirkt infolge der Abschirmwirkung der Unterseitenströmung eine Umverteilung und Änderung der am Fahrzeug angreifenden Luftkräfte und insbesondere einen Abbau des Auftriebes an
der Vorderachse. Bei den meisten neuentwickelten PKW-Formen wird
ein Bug-Spoiler in die Blechschürze an der Fahrzeugfrontpartie inte-
griert. Veröffentlichungen über systematische Untersuchungen der
Wirkungsweise solcher Bug-Spoiler liegen nach Wissen der Autoren
bisher jedoch nicht vor.

Zur Erklärung der Wirkungsweise eines Spoilers kann man sich den
Luftwiderstand eines Kraftwagens aus dem Widerstand der Karosserie
und dem Widerstand der Bodengruppe zusammengesetzt denken:

$$W_{ges} = W_{Karosserie} + W_{Bodengruppe}$$

Bei Schreibweise in Beiwerten erhält man bei gleicher Bezugsfläche
und gleicher Bezugsgeschwindigkeit für Karosserie und Bodengruppe:

$$c_{Wges} \, v_{\infty}^2 = c_{WK} \, v_{\infty}^2 + c_{WB} \, v_{\infty}^2$$

Durch einen Spoiler wird die Bodengruppe abgeschirmt. Diese Abschir-
mung kann durch Verringerung der Bezugsgeschwindigkeit um Δv_B
erfaßt werden. Entsprechend muß die Bezugsgeschwindigkeit
für die Karosserie um Δv_K erhöht werden. Da $\Delta v_K, \Delta v_B \ll v_{\infty}$ sind,
gilt

$$c_{Wges} = c_{WK} \left(1 + 2 \frac{\Delta v_K}{v_{\infty}}\right) + c_{WB} \left(1 - 2 \frac{\Delta v_B}{v_{\infty}}\right)$$

Daraus folgt die Änderung Δc_{Wges} des Gesamtwiderstandsbeiwertes
durch den Spoiler

$$\Delta c_{Wges} = \frac{2}{v_{\infty}} \left(c_{WK} \Delta v_K - c_{WB} \Delta v_B\right)$$

Δv_K und Δv_B hängen von der jeweiligen Spoilerhöhe ab. Wegen der
gegenläufigen Tendenz der Widerstandsveränderungen von Karosserie
und Bodengruppe ist für feste c_{WK} und c_{WB} - also für eine bestimmte
Karosserie mit einer bestimmten Bodengruppe - ein Minimum des Wider-
standbeiwertes in Abhängigkeit von der Spoilerhöhe zu vermuten. Bei
im Vergleich zur Karosserie aerodynamisch ungünstig gestalteter
Bodengruppe und folglich vergleichsweise großem c_{WB} ist eine wesentliche Widerstandsverringerung durch Verwendung eines Spoilers zu erwarten.

Zur Überprüfung dieser spekulativen Vorstellung wurde bei einem
modifizierten Windkanalmodell die Bodengruppe unter der Karosserie
frei beweglich an der Windkanalwaage aufgehängt. So war es möglich,
sowohl den Gesamtwiderstand als auch den Widerstand der Bodengruppe
bei Vorhandensein der Karosserie getrennt zu messen. Bild 9 zeigt
den auf diese Weise erhaltenen Verlauf des Gesamtwiderstandsbeiwertes
und dessen Aufteilung auf Bodengruppe und Karosserie abhängig von
der Spoilerhöhe. Ohne Spoiler ist die Bodengruppe mit ca. 20% am
Gesamtwiderstand beteiligt. Dieser Anteil verringert sich rasch mit
zunehmender Spoilerhöhe. Ein Minimum des Gesamtwiderstandes wird
dann erreicht, wenn bei einer weiteren Vergrößerung des Spoilers der
Widerstand der Bodengruppe um den gleichen Betrag abnimmt, wie der
Widerstand der Karosserie ansteigt.

Auch auf den an dem Fahrzeug angreifenden Auftrieb wirkt der Bug-
-Spoiler mit zwei gegenläufigen Einflüssen. Der Spoiler verursacht
eine Einschnürung der Strömung zwischen Fahrzeugunterseite und Fahrbahn, die zu einer Unterdruckzone und insbesondere im Bereich der
Vorderachse zu einem zusätzlichen, an der Fahrzeugunterseite angreifenden Abtrieb führt. Da durch die Abschirmwirkung des Spoilers der
Volumenstrom im Bereich zwischen Fahrzeugunterseite und Fahrbahn
verringert wird, führt der Spoiler zu einer Verstärkung der Strömung
an der Fahrzeugoberseite. Die Zirkulation und damit der Auftrieb
der Karosserie nehmen folglich mit wachsender Spoilerhöhe zu. Die
Verstärkung dieser Umströmung der Karosserie führt zu höheren Unter-
drücken insbesondere im Bereich der Motorhaube, die sich in Windkanalversuchen nachweisen lassen. Bild 10 zeigt ein Beispiel. Im Bereich der Motorhaubenvorderkante ist der Unterdruck merklich vergrößert. Die Druckverteilung unter dem Fahrzeug zeigt deutlich die Vergrößerung des Unterdruckgebiets im Bereich der Vorderachse infolge
Spoiler.

Meßergebnisse der Auftriebsbeiwerte, gewonnen aus Modellversuchen,
zeigt Bild 11. Auch hier führt die Überlagerung der beiden gegenläufigen Einflüsse zu einer im Hinblick auf minimalen Gesamtauftrieb
optimalen Spoilerhöhe. Das Diagramm zeigt, daß sich der Gesamtauftrieb des Fahrzeugs als relativ kleine Differenz des großen Auftriebs
der Karosserie und des ebenfalls relativ großen Abtriebes der Bodengruppe ergibt. Kleine Veränderungen im Bereich der Frontpartie des
Fahrzeugs können demnach schon, auch wenn die Verhältnisse an der
Oberseite und an der Bodengruppe nicht wesentlich beeinflußt werden,
zu großen Veränderungen des Gesamtauftriebsbeiwertes führen.

Bild 12 zeigt den Verlauf des Auftriebsbeiwertes für Gesamtfahrzeug
und Bodengruppe, aufgeteilt auf Vorder- und Hinterachse in Abhängigkeit von der Spoilerhöhe. Der hintere Abtrieb der Bodengruppe wird
durch den Spoiler nicht wesentlich beeinflußt. Für die praktisch
kaum interessierenden Spoilerhöhen - im Original größer als 50 mm -
nimmt sowohl der hintere als auch der vordere Auftrieb zu. In diesem
Zusammenhang ist die Verwendung noch höherer Spoiler, die fast bis
zur Fahrbahn reichen, an Tourenrennwagen unverständlich.

Die Darstellung des am Fahrzeug angreifenden Gesamtauftriebes als
vergleichsweise kleine Differenz der an der Karosserie und an der
Bodengruppe angreifenden Kräfte erklärt auch die große Abhängigkeit, insbesondere des Auftriebsbeiwertes, von der Anstellung des
Fahrzeugs. In Bild 13 ist der vordere Auftriebsbeiwert c_{av} über der
Anstellung der Vorderachse des Fahrzeugs bei gleichbleibender
Einfederung der Hinterachse für das Modell mit und ohne Spoiler
aufgetragen. Man erkennt, daß eine Vergrößerung der Anstellung in
stärkerem Maße wie ein Spoiler zu einer Verlagerung der Verzweigungs-
stromlinie in der Bugpartie nach unten und damit zu einer verstärkten Umströmung der Karosserieoberseite führt. Der Auftriebsbeiwert
ändert sich im untersuchten Anstellungsbereich um nahezu 100%. Ein
ähnlicher Effekt, wenn auch wesentlich schwächer, ist für den Einfluß der Anstellung auf den Luftwiderstandsbeiwert zu erkennen. Hier
geht ein Teil der mit dem Spoiler erreichten Abschirmwirkung durch
die Vergrößerung des Freiraumes zwischen Bodengruppe und Fahrbahn infolge der vergrößerten Anstellung der Vorderachse wieder verloren.
Auf den hinteren Auftriebsbeiwert wirken sich, wie Bild 13 zeigt,
demgegenüber sowohl eine Änderung der Anstellung als auch ein Bug-
-Spoiler nicht wesentlich aus.

Wenn auch die Spoilerwirkung je nach Karosserieform und Gestaltung
der Bodengruppe recht unterschiedlich sein kann, so darf diesen Untersuchungen doch allgemein entnommen werden, daß durch einen Spoiler
die Abhängigkeit der aerodynamischen Beiwerte des Fahrzeugs von Änderungen der Anstellung wesentlich verringert wird.

Die Ergebnisse der Kraftmessungen werden durch Druckverteilungsmessungen bestätigt. Im Gegensatz zu Kraftmessungen, die nur eine inte-
grale Aussage liefern, ermöglichen Druckverteilungsmessungen einen
differenzierten Einblick in die Veränderung der Strömung durch einen
Spoiler. Betrachtet man Bild 14 a, in dem die Druckverteilung entlang
der Fahrzeugunterseite für Modell und Original mit und ohne Spoiler
dargestellt ist, so erkennt man deutlich den gesteigerten Unterdruck
im Bereich der Spritzwand, der auf die Strömungskontraktion hinter
dem Spoiler zurückzuführen ist. Dieser Unterdruck führt, wie bereits
erwähnt, zur Verringerung des vorderen Auftriebs. Vorteilhaft dürfte
nach dem Ergebnis der Druckmessungen eine Spoileranordnung sein, bei
der die beiden Vorderräder das Unterdruckgebiet im Bereich des
engsten Strömungsquerschnitts endscheibenartig seitlich abgrenzen.
Die erhebliche Vergrößerung der Unterdruckzone unter der Bugpartie
des Fahrzeugs infolge Spoiler ist auch aus Messungen der Druckverteilung auf der Fahrbahnplatte zu erkennen, s. Bild 14 b. Diese meß-
technisch einfach zu realisierende Messung der Druckverteilung auf
der Fahrbahnplatte kann demnach als wichtigstes Hilfsmittel für eine
Spoileroptimierung im Modellversuch herangezogen werden. Der Druck-
verlauf auf Fahrbahnplatte im Heckbereich des Fahrzeugs wird durch
den Spoiler wesentlich weniger beeinflußt als im Bereich der Vorderachse. Auch die Kraftmessungen hatten keinen merklichen Einfluß
des Spoilers auf den hinteren Auftrieb erkennen lassen.

Die Messungen der Geschwindigkeitsverteilung bestätigen die auf
Grund der Kraft- und Druckverteilungsmessungen gemachten Aussagen.
Infolge der Abschirmwirkung des Spoilers verringert sich der Volumenstrom unter dem Fahrzeug. Da das Geschwindigkeitsprofil mit
Spoiler in Nähe des Bodenbleches einen kleineren Impuls besitzt,
wird auch der Widerstand der Bodengruppe mit Spoiler kleiner. Der
Vergleich der Geschwindigkeitsprofile mit und ohne Spoiler zeigt,
daß die Anbringung eines Spoilers an einem Fahrzeug zu Kühlproble-
men an Motor, Auspuffanlage, Getriebe und Hinterachse führen kann.
Die durch den Spoiler bedingte starke Abnahme der Geschwindigkeit
unmittelbar unter dem Fahrzeugboden dürfte den Wärmeübergang an den
genannten Bauteilen erheblich verringern.

Es ist bekannt (4,5), daß bei üblichen Fahrzeugformen mit zunehmender Durchlässigkeit des Kühlers der Luftwiderstandsbeiwert der Fahrzeugs ansteigt. Sinnvolle Vergleichsaussagen aus Modelluntersuchungen
sind demnach nur mit einem richtig simulierten Kühlergrill möglich.
Ob dies der Fall ist, kann mit Hilfe der Geschwindigkeitsprofilmessungen unter dem Fahrzeug kontrolliert werden.

Die Beeinflussung der Unterseitenströmung durch einen Spoiler kann
durch Wandspur-Strömungsaufnahmen der Fahrbahnplatte unter dem Fahrzeug anschaulich gemacht werden. Der Vergleich der Aufnahmen mit und
ohne Spoiler in Bild 15 zeigt, daß durch den Spoiler im Bereich vor
den Vorderrädern die Verdrängungswirkung des Fahrzeugs vergrößert
wird. Ferner ist zu erkennen, daß der Totwasserbereich hinter den
Vorderrädern sich durch die Spoilerwirkung verringert. Die vom Spoiler
hervorgerufene Unterdrucksteigerung unter dem Vorderwagen führt
offenbar zu einer verstärkten Einströmung unter das Fahrzeug von den
Karosserieseiten her. Bei Fahrzeugen mit scharfkantigen vorderen Sei-
tenflächen, hinter denen sich im Bereich der vorderen Kotflügel Ab-
lösezonen bilden, kann sich durch diese Verstärkung der Einströmung
unter das Fahrzeug eine Verringerung der Nachlaufbreite ergeben, die
mit zu einer Verringerung des Gesamtwiderstandes beiträgt.

Aus der zu Beginn dieses Abschnitts gegebenen Erklärung über die
Wirkungsweise eines Bug-Spoilers folgt, daß für unterschiedliche
Bodengruppen bei gleicher Karosserie im Hinblick auf den geringsten
Widerstand unterschiedliche Spoilerhöhen optimal sind. Daher wurde
in einer weiteren Versuchsserie die Unterseite des Windkanalmodells
systematisch verändert. Die aerodynamisch günstigste Unterseite ist
völlig glatt ohne vorspringende Kanten und Querschnittssprünge und
verläuft möglichst parallel zur Fahrbahnebene. Eine solche Unterseite wurde beim Modell durch Verkleiden der Bodengruppe mit einem dün-
nen Blech erzielt. Eine aerodynamisch extrem ungünstige Fahrzeugunterseite ergibt sich, wenn auf der normalen Bodengruppe zusätzliche
kräftige Quertraversen angebracht werden. Für diese drei Konfigura-
tionen, die normale, die glatte und die durch Quertraversen geänder-
te Unterseite wurden die am Fahrzeug angreifenden Luftkräfte und
die Druckverteilung entlang der Fahrzeugunterseite gemessen.

Ergebnisse zeigt Bild 16. Aus den Skizzen in den Diagrammen gehen
auch die jeweils an der Unterseite des Fahrzeugmodells durchgeführ-
ten Änderungen hervor. In ähnlicher Weise wie für die normale

Unterseite ergibt sich für die Unterseite mit Quertraversen ein
zunächst mit zunehmender Spoilerhöhe abnehmender Gesamtwiderstands-
beiwert. Wie nach der Erklärung über die Spoilerwirkung zu erwarten, ist die im Hinblick auf minimalen Gesamtwiderstand optimale
Spoilerhöhe zu größeren Spoilerhöhen verschoben. Für die glatte
Unterseite ist der Widerstand ohne Spoiler merklich niedriger als
für das Fahrzeug mit normaler Unterseite. Erwartungsgemäß steigt
der Widerstand mit zunehmender Spoilerhöhe an, da der Spoiler bei
glatter Unterseite nur Strömungsverluste verursacht und seine Abschirmwirkung nicht zu einer Widerstandsverringerung führen kann.

Die Verringerung des vorderen Auftriebs durch den Spoiler ist umso
größer, je glatter die Unterseite ist. Dies wird aus der Druckverteilung unter dem Fahrzeug verständlich. Ohne Spoiler ist bei glatter Unterseite der Druck unter dem Fahrze , im Vergleich zur normalen Bodengruppe hoch, da die Strömung an der Unterseite nicht
durch Engstellen und Einschnürungen hindurch beschleunigt werden
braucht. Daher kommt die Strömungseinschnürung hinter dem Spoiler
und die damit verbundene Unterdruckerzeugung unter dem Fahrzeug voll
der Verringerung des vorderen Auftriebes zugute.

Bei einer stark zerklüfteten Bodengruppe entstehen bereits ohne
Spoiler durch die vielfachen Strömungseinschnürungen zwischen Fahr-
zeugboden und Fahrbahn erhebliche Unterdruckzonen. Daher kann ein
Spoiler nicht mehr in vergleichbar hohem Maße, wie bei der glatten
Bodengruppe, zur Verringerung des vorderen Auftriebes beitragen.

Nach diesen Ergebnissen erscheint es schwierig, die optimale Spoi-
lerkonfiguration ohne größeren Untersuchungsaufwand bereits im Ent-
wurf genügend genau festzulegen. Die Ermittlung der optimalen Spoi-
lerabmessungen kann jedoch, wie die vorgelegten Ergebnisse und der
Vergleich von Modelluntersuchungen mit Messungen am Originalfahrzeug zeigen, mit ausreichender Zuverlässigkeit bereits an kleinen
Windkanalmodellen, z.B. im Maßstab 1:5, durchgeführt werden.

4. Untersuchungen zur Beurteilung von Windgeräuschen nach Ergebnissen von Windkanalversuchen

Während bei der Entwicklung eines neuen PKW-Modells die Aerodynamik
im Hinblick auf die Widerstandsverringerung und Abtriebserhöhung
schon im Planungsstadium untersucht wird, kann das Problem der Wind-
geräuschentwicklung meist erst im Erprobungsstadium beachtet werden,
wenn Fahrversuche möglich sind. Möglichst geringe Windgeräusche führen
nicht nur zu einer Erhöhung des Fahrkomforts, ihre Vermeidung trägt
auch dazu bei, die Konzentrationsfähigkeit des Fahrers zu erhalten
und so die Fahrsicherheit zu steigern.

Im Gegensatz zu Motorgeräuschen, die sich durch gezielte Maßnahmen
im Bereich des Motorraums relativ einfach dämmen bzw. dämpfen lassen,
ist eine nachträgliche Reduzierung der Windgeräusche ohne größere
Formänderung meist nicht möglich. Eine Formänderung kann aber in dem
Stadium, bei dem Windgeräusche festgestellt werden, kaum noch mit
vertretbarem Aufwand durchgeführt werden. Daher wäre es wünschens-
wert, bereits im Planungsstadium an Windkanalmodellen Windgeräusch-
messungen durchzuführen. Voraussetzung ist allerdings, daß die Ergebnisse der Modellmessungen hinreichend genau auf die Großausführung
übertragen werden können. Die Untersuchung im Windkanal hat außerdem
den Vorteil, daß mit vergleichsweise geringem Aufwand umfangreiche
Parameterstudien möglich sind, die dem Stylisten Möglichkeiten aufzei-
gen, wie durch geeignete Gestaltung z.B. durch die Vermeidung von
Wirbelablösungen im Bereich der Dachvorderkante und im Bereich der
A-Säulen zu beiden Seiten der Windschutzscheibe Windgeräusche vermieden werden können. Weitere Aufgabe solcher Versuche kann z.B. auch
die Ermittlung der günstigsten Position des Schiebedaches sein.

Zur Überprüfung der Aussagefähigkeit von Modellversuchen für die Bestimmung von Windgeräuschen stand ein Windkanalmodell im Maßstab 1:5
eines Personenkraftwagens vom Typ FORD-GRANADA und ein Fahrzeug des
gleichen Typs zur Verfügung. Das Windkanalmodell mit einer Bodengruppe aus Holz und einer Karosserieschale aus glasfaserverstärktem
Kunststoff war für die Verwendung bei Luftkraftmessungen gedacht und
nicht speziell für strömungs-akustische Untersuchungen geeignet. Da
ohne größere Änderungen am Modell Meßsonden nur im Modellinneren angebracht werden konnten, wurden Vergleichsuntersuchungen der Strömungsgeräusche an Modell und Originalfahrzeug für geöffnetes Schiebedach durchgeführt. Ein entsprechender maßstäblicher Schiebedachausschnitt wurde im Modell angebracht. Bild 17 zeigt schematisch die
Anordnung des Mikrofons im Modell. Zur Vermeidung von Hohlraumreso-
nanzen und Reflektionen im Modellinnenraum wurde das Modell mit einem
porösen Schaumstoff ausgekleidet. Um Störeinflüsse auszuschalten
wurde beim Originalfahrzeug ein ähnlicher Hohlraum unter dem Schiebedach aus 10 cm dickem porösen Schaumstoff gebildet, Bild 18. Zusätz-
lich wurden weitere Schalldämmaßnahmen getroffen um störende Innen-
geräusche auszuschließen.

Geräuschuntersuchungen an einem Modell im Windkanal sind nur dann
sinnvoll, wenn die Schallintensität des Windkanalgeräuschs im interessierenden Frequenzbereich mindestens 5-6 dB kleiner als die

Intensität der am Modell gemessenen Geräusche ist. Das Hintergrund-
geräusch des Windkanals kann dann völlig vernachlässigt werden,
wenn sein Pegel um mehr als 9 dB unter dem Pegel der Modellmessungen
liegt. Bild 19 zeigt einen Vergleich von Messungen im Modell und
in ungestörter Windkanalströmung bei einer Anströmgeschwindigkeit
von jeweils 80 km/h. Bei den Untersuchungen der Hintergrundgeräu-
sche wurde das mit einem Nasenkonus versehene Mikrofon in der Freistrahlmeßstrecke des Windkanals befestigt. Bis zu einer Frequenz von
ca. 150 Hz dominieren eindeutig die Geräusche infolge der Umströmung
des Modelles. Für geöffnetes Schiebedach heben sich erst oberhalb
100 Hz die Strömungsgeräusche am Modell deutlich vom Windkanalgeräusch
ab. Für höhere Anströmgeschwindigkeiten wirkt sich dann der rasch an-
steigende Pegel des Drehklanges des Windkanalgebläses, dessen Verringerung sehr aufwendig wäre, störend aus.

Voruntersuchungen am Originalfahrzeug zeigten, daß im Fahrzeuginneren
tiefe Frequenzen vorherrschen und daß sich Änderungen des Geräusch-
spektrums bei Öffnen des Schiebedaches im Wesentlichen in diesem
Frequenzbereich auswirken. Um die Einflüsse von Motor, Kühlgebläse,
Getriebe und Auspuff auszuschließen, wurden die Versuche auf einer
Straße mit starkem Gefälle durchgeführt. Das Fahrzeug wurde auf die
Geschwindigkeit v = 140 km/h beschleunigt und rollte dann mit abge-
stelltem Motor und ausgekuppeltem Getriebe während einer genügend
langen Meßzeit mit konstanter Geschwindigkeit.

Ergebnisse der Modelluntersuchungen:

Die Schalldruckpegel für das Modell mit geöffnetem und geschlossenem
Schiebedach werden in Bild 20 miteinander verglichen. Im Pegelverlauf
für geöffnetes Schiebedach zeigen sich auffällig starke Spitzen bei
145 Hz und bei ganzzahligen Vielfachen dieser Frequenz. An offenem
Schiebedach entsteht folglich ein Geräusch mit Klangcharakter. Um zu
überprüfen, ob Geschwindigkeitsschwankungen im Schiebedachausschnitt
für diesen Klang verantwortlich sind, wurden mittels eines Heißfilm-
anemometers die Geschwindigkeitsschwankungen gemessen. Die Heißfilm-
sonde befand sich oberhalb des Mikrofons in der Ebene des Schiebedachausschnittes. Wie das Bild 21 zeigt, tritt im Pegelverlauf der
Geschwindigkeitsschwankungen ebenfalls bei der Frequenz 145 Hz ein
ausgeprägtes Maximum auf. Das Strömungsgeräusch bei dieser Frequenz
ist somit eindeutig auf Geschwindigkeitsschwankungen im Schiebedachausschnitt zurückzuführen.

Eine weitere Information über die Strömungsstruktur im Schiebedachausschnitt ist mit Hilfe der Bestimmung der Korrelation der dort
auftretenden Geschwindigkeitsschwankungen möglich. Aus dem Verlauf
der Korrelationsfunktion über dem Abstand der beiden benutzten Meßsonden kann auf die Größe der sich einrollenden Wirbelballen ge-
schlossen werden. Meßaufbau und Ablauf der Messung sind schematisch
in Bild 22 dargestellt. Ergebnisse der Untersuchungen zeigt Bild 23.
Im vorderen Bereich des Schiebedachausschnittes, Meßschnitt I, ist
die aus dem Verlauf der Korrelationsfunktion zu entnehmende Korre-
lationslänge nur gering und steigt zum hinteren Bereich des Schiebedachausschnittes an. Aus den Funktionsverläufen für die Meßschnitte

III und IV kann eine charakteristische Wirbelabmessung von etwa
der halben Länge der Schiebedachbreite bestimmt werden.

Wenn die Geschwindigkeit, mit der die Wirbel im Schiebedachbereich
abtransportiert werden, bekannt ist, kann mit der Wirbelgröße die
Frequenz der von diesen Wirbeln erzeugten Druck- und Geschwindigkeitsschwankungen abgeschätzt werden. Die Geschwindigkeitsverteilung
im Bereich des Schiebedachausschnittes ist in Bild 24 dargestellt.
Dem Diagramm kann man entnehmen, daß die mittlere Geschwindigkeit
oberhalb der Trennungsschicht, die die Außenströmung von der Wirbel-
strömung im Schiebedachausschnitt abgrenzt, $U_D \approx 30$ m/s beträgt und
somit geringfügig höher als die Anströmgeschwindigkeit ist. Mit
dieser Geschwindigkeit und einer Wirbelballenabmessung $d_w \approx 0{,}06$ m

im Modellmaßstab erhält man eine Wirbelfolge von:

$$\frac{U_D}{d_w} = \frac{30 \text{ m/s}}{0{,}06 \text{ m}} = 160 \text{ 1/s}$$

Dabei wird angenommen, daß ein Wirbel dann aus der Schiebedachöffnung abschwimmt, wenn sich die Umfangslänge der Wirbel mit einem
Durchmesser von ca. 6 cm mit der Geschwindigkeit in der Trennungs-
fläche des Schiebedaches aufgerollt hat. Die auf diese Weise erhal-
tene Wirbelablösefrequenz von 160 Hz stimmt gut mit den Frequenzen
überein, bei denen die Intensität der Geschwindigkeitsschwankungen
und der Schallpegel ein Maximum aufweisen. Als wesentlichstes Ergebnis dieser Untersuchungen kann festgestellt werden, daß auch bei
Windkanalversuchen Messungen der Strömungsgeräusche durchaus den
Strömungsvorgängen zugeordnet werden können.

Ergebnisse der Messungen am Originalfahrzeug:

Aus dem Bild 25 ist deutlich die Auswirkung des geöffneten Schiebedaches auf das Innenraumgeräusch zu erkennen. Erst oberhalb von
Frequenzen um 450 Hz nähern sich die beiden Pegelverläufe für geöffnetes und geschlossenes Schiebedach einander an. Bei geöffnetem
Schiebedach wird der größte Schallpegel bei einer Frequenz von ca.
50 Hz erreicht. Für die Geschwindigkeit 100 km/h verschiebt sich
dieser Maximalpegel zur Frequenz 35 Hz und für 80 km/h zu 30 Hz.
Bildet man mit diesen Anströmgeschwindigkeiten und der Längener-
streckung des Schiebedachausschnittes die STROUHALzahl S, so erhält
man:

$$S = \frac{f \cdot L_D}{U}$$

mit f = Wirbelfrequenz, L_D = Länge des Schiebedachausschnittes
(beim Originalfahrzeug 0,46 m), U = Anström- bzw. Fahrgeschwindigkeit. Aus dem Diagramm Bild 25 wird f = 50 Hz entnommen. Für
U = 38,9 m/s ergibt sich

$$S_{\text{Orig.}} = \frac{50 \text{ 1/s} \cdot 0{,}46 \text{ m}}{38{,}9 \text{ m/s}} = 0{,}6$$

Ungefähr die gleiche STROUHALzahl erhält man auch aus der Modell-
messung, vgl. Diagramm Bild 20, wenn man die Frequenz des größten

Schallpegels f = 145 Hz mit der Länge des Schiebedachausschnittes
beim Modell ($L_{D,MOD}$ = 0,095 m) und der Geschwindigkeit der Wind-
kanalanströmung (U = 22,2 m/s) dimensionslos macht:

$$S_{MOD} = \frac{145 \ 1/s \ 0,095 \ m}{22,2 \ m/s} = 0,62$$

Die gleiche STROUHALzahl ergibt sich für gleiche Bezugslänge und
halb geöffnetes Schiebedach ebenfalls für Modell- und Original-
messung. Die Größe der dominierenden Wirbelballen ist also der Länge
des geöffneten Schiebedachausschnittes proportional, wie dies auch
entsprechend der erwähnten kinematischen Vorstellung für die Wirbelbildung zu erwarten ist. Es kann somit festgestellt werden, daß zumindest die Frequenz, bei der durch die Wirbelbildung der maximale
Schallpegel auftritt, bereits aus Untersuchungen an einfachen Modellen ermittelt werden kann. Bei dem verwendeten PKW handelt es sich
um ein Fahrzeug mit sehr günstig angebrachter Schiebedachöffnung. Dies
zeigen die Strömungsaufnahmen Bild 26. Die Strömung liegt bis zur
Vorderkante der Schiebedachöffnung an. Durch die Form des Wagenauf-
baus und die gute Abrundung der Windschutzscheibe wird eine Strömungs-
ablösung hinter der Scheibeneinfassung vermieden. Um den Einfluß
der Gestaltung des Übergangs von der Windschutzscheibe zum Dach deutlich zu machen, wurde sowohl am Modell als auch am Originalfahrzeug
am oberen Ende der Windschutzscheibe eine Stolperkante angebracht.
Hierdurch wird eine starke Verwirbelung der Strömung vor Beginn des
Schiebedachausschnittes erzwungen. Bild 27 zeigt einen Vergleich der
Pegelschriebe für das Modell bei offenem Schiebedach mit und ohne
Stolperkante. Im Bereich unterhalb 100 Hz ergibt sich infolge der
Stolperkante ein Zuwachs des Pegels um ca. 10 dB. Außerdem geht der
Klangcharakter, der ohne Stolperkante sowohl bei den Geschwindigkeits-
schwankungsmessungen als auch bei den Schallpegelmessungen festgestellt wurde, weitgehend verloren. Lediglich im Bereich um 145 Hz
zeigt sich ein nur noch schwach ausgeprägtes Pegelmaximum. Dies läßt
darauf schließen, daß durch die von der Stolperkante erzeugte Turbu-
lenz die Regelmäßigkeit der Wirbelablösung beeinträchtigt wird, die
offenbar zu dem erwähnten Klanggeräusch führt.

Die Messungen am Originalfahrzeug mit Stolperkante lassen auch gegenüber dem unveränderten Fahrzeug einen Pegelanstieg im vergleichbaren
Frequenzbereich um ca. 10 dB. Dieses Experiment zeigt ebenfalls, daß
Strömungsgeräusche, die auf solche Kanteneinflüsse zurückzuführen
sind, bereits in Modellversuchen zumindest qualitativ bewertet werden können. Das Ergebnis der Untersuchungen wäre sicher noch klarer
ausgefallen, wenn ein Personenkraftwagen mit ungünstiger Anordnung
des Schiebedachausschnittes und schlechter Strömungsführung im Bereich
des Übergangs von der Windschutzscheibe zur Dachfläche zur Verfügung
gestanden hätte. Dadurch daß der Pegel des Schiebedachgeräusches im
Vergleich zu anderen PKW's recht niedrig ist, konnten sich andere
Geräuschquellen bei den Messungen stärker auswirken.

5. Zusammenfassung

Für eine aerodynamische Detailoptimierung von Personenkraftwagen
mit Hilfe von Modellversuchen im Windkanal ist eine hinreichend
genaue Übertragbarkeit der Ergebnisse aus Modelluntersuchungen
auf die Großausführung die wesentliche Voraussetzung. Durch Vergleich von Windkanalmessungen mit Ergebnissen, die im Fahrversuch
mit dem Originalfahrzeug gewonnen wurden, wird gezeigt, daß eine
solche Übertragbarkeit der Ergebnisse auch im Hinblick auf die
Unterseitenströmung am Fahrzeug möglich ist. Dazu werden sowohl
die am Fahrzeugboden bestimmten Druckverteilungen als auch Messungen
des Geschwindigkeitsprofils zwischen Fahrzeugboden und Straße miteinander verglichen.

Die Möglichkeiten der Verbesserung der aerodynamischen Eigenschaften
eines PKW mittels eines Bugspoilers werden erläutert. Für die Wirkungsweise des Bugspoilers wird eine physikalische Erklärung ange-
geben, die durch Ergebnisse von Kraftmessungen im Windkanal bestätigt wird. Ferner werden zur physikalischen Interpretation der
Spoilerwirkung Druckverteilungsmessungen, Messung der Geschwindigkeitsprofile unter dem Fahrzeug und Strömungsbeobachtungen herangezogen. Auf praktische Konsequenzen wird hingewiesen.

Ebenfalls mit Hilfe des Vergleichs von Modellmessungen und Messungen
am Originalfahrzeug wird die Frage diskutiert, ob eine Beurteilung
von Windgeräuschen nach Ergebnissen von Windkanalversuchen möglich
ist. Am Beispiel des Windgeräusches bei geöffnetem Schiebedach kann
gezeigt werden, daß aus den Modellversuch gewonnenen Werten zumindest qualitative Rückschlüsse auf die bei der Großausführung zu
erwartenden Windgeräusche möglich sind. Der Zusammenhang zwischen
Geschwindigkeitsschwankungen und Strömungsgeräuschen wird anhand von
Modellversuchen aufgezeigt. Die Frequenzen des maximalen Pegels ergeben für Modellversuch und Messung am Originalfahrzeug die gleiche
STROUHALzahl. Der Einfluß der Gestaltung des Übergangs von Windschutzscheibe zum PKW-Dach wird durch Versuche mit nachträglich an-
gebrachten Stolperkanten verdeutlicht.

Die Autoren danken der Ford-Werke AG, Köln, für ihre Unterstützung,
insbesondere bei der Durchführung der Fahrversuche.

6. Literaturverzeichnis

(1)   W.H. HUCHO:
Versuchstechnik in der Fahrzeugaerodynamik.
In: Dokumentation zum Kolloquium über Industrieaerodynamik,
Fachhochschule Aachen, Oktober 1974
Teil 3 Aerodynamik von Straßenfahrzeugen, Seite 1 + 48.

(2)   C. KRAMER, H.J. GERHARDT, E. JAEGER, H. STEIN:
Windkanalstudien zur Aerodynamik der Fahrzeugunterseite.
In: Dokumentation zum Kolloquium über Industrieaerodynamik,
Fachhochschule Aachen, Oktober 1974
Teil 3 Aerodynamik von Straßenfahrzeugen, Seite 71 + 83.

(3)   L.G. STAFFORD:
An improved numerical method for the calculation of the
flow field around a motor vehicle.
In: Dokumentation zum Kolloquium über Industrieaerodynamik,
Fachhochschule Aachen, Oktober 1974
Teil 3 Aerodynamik von Straßenfahrzeugen, Seite 109 + 118.

(4)   R. KOENIG-FACHSENFELD:
Aerodynamik des Kraftfahrzeugs; Umschau Verlag, Frankfurt
(1951).

(5)   J. POTTHOFF:
Luftwiderstand und Auftrieb moderner Kraftfahrzeuge;
Proc. 1st Sympos. Road Vehicle Aerodynamics, City University
London, 1969.

7. Abbildungen

Bild 1: Modell des Ford-Escort (M 1 : 5) im Windkanal

Bild 2: Lage der Meßstellen zur Bestimmung der Druckverteilung an
der Unterseite des Originalfahrzeuges

Bild 3: Flüssigkeitsmanometer zur Messung der Druckverteilung an der Fahrzeugunterseite im Originalfahrzeug beim Fahrversuch

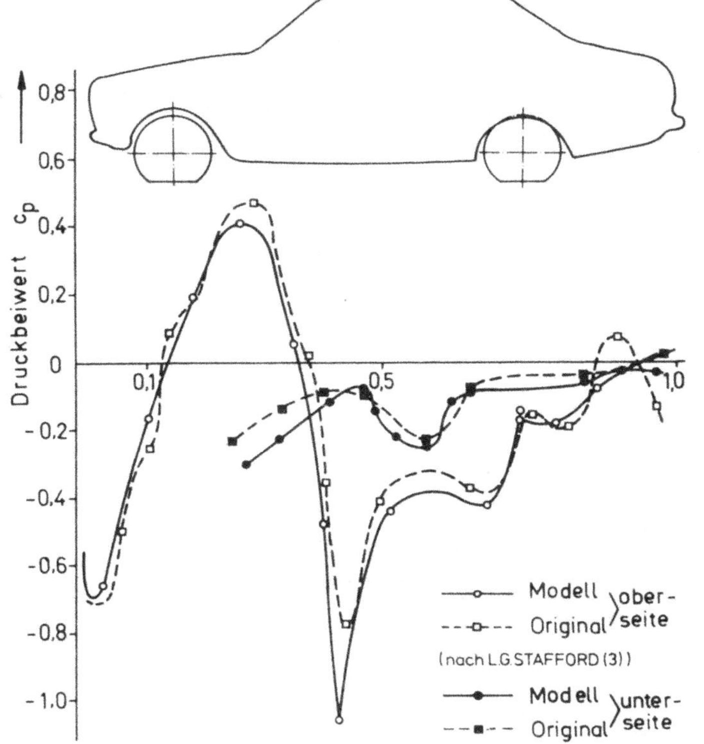

Bild 4:

Druckverteilung entlang der Fahrzeugunterseite und -oberseite für Modell und Original

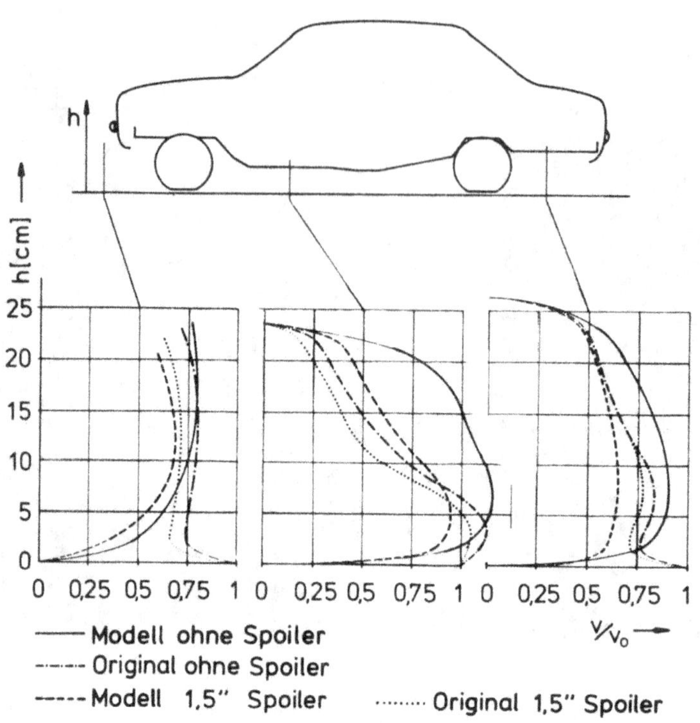

Bild 5: Geschwindigkeitsverteilung zwischen Fahrzeugunterseite und Fahrbahn für Modell und Originalfahrzeug

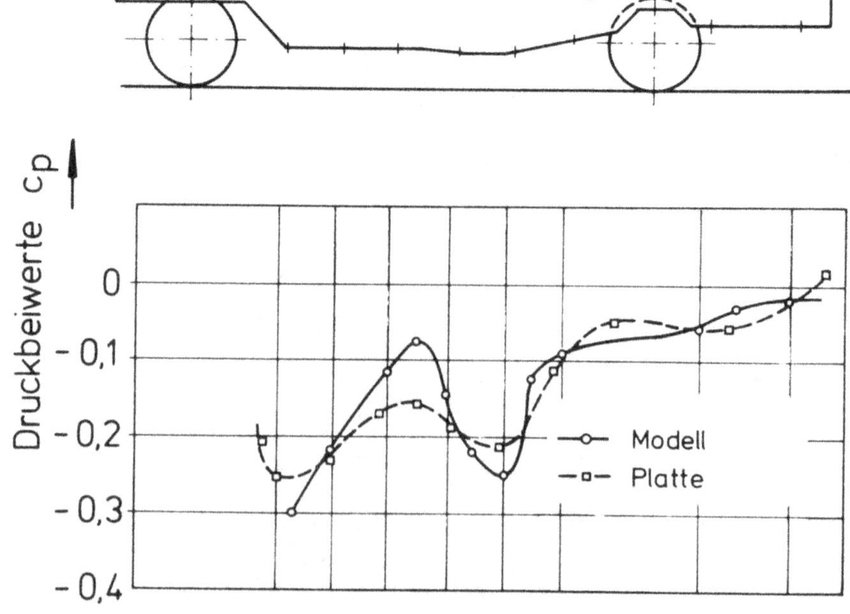

Bild 6: Druckverteilung entlang der Modellunterseite und
auf der Fahrbahnplatte

Bild 7: Wandspur-Strömungsbild der Umströmung des Modells
         im Windkanal

Bild 8: Sichtbarmachung der Umströmung des Originalfahrzeuges
         mittels Wollfäden

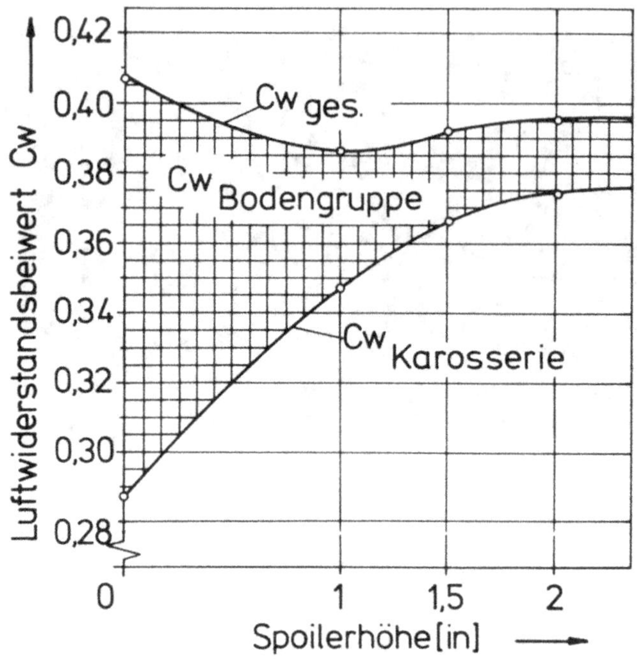

Bild 9:

Widerstandsbeiwert von Gesamtfahrzeug, Karosserie und Bodengruppe für das Windkanalmodell in Abhängigkeit von der Spoilerhöhe

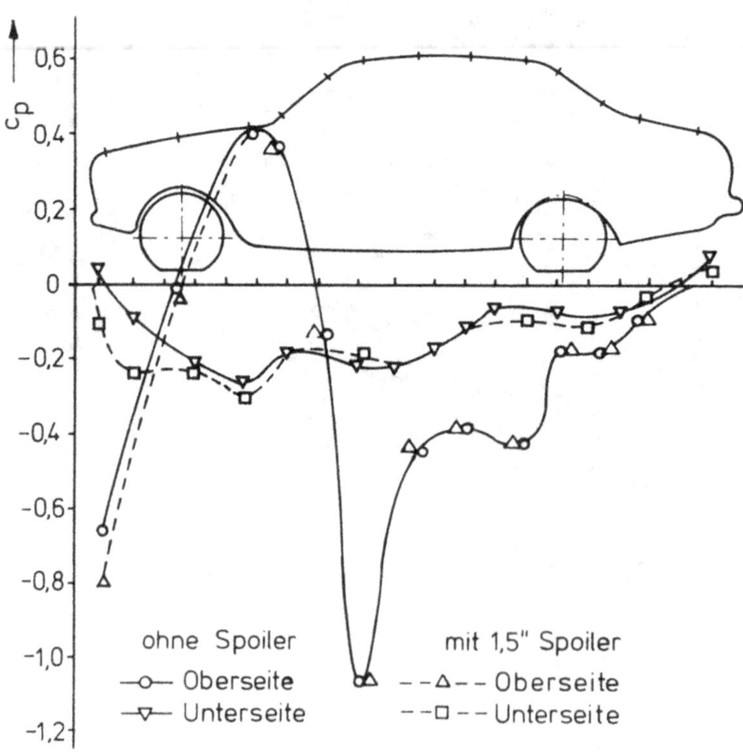

Bild 10: Druckverteilung am Fahrzeugmodell mit und ohne Spoiler

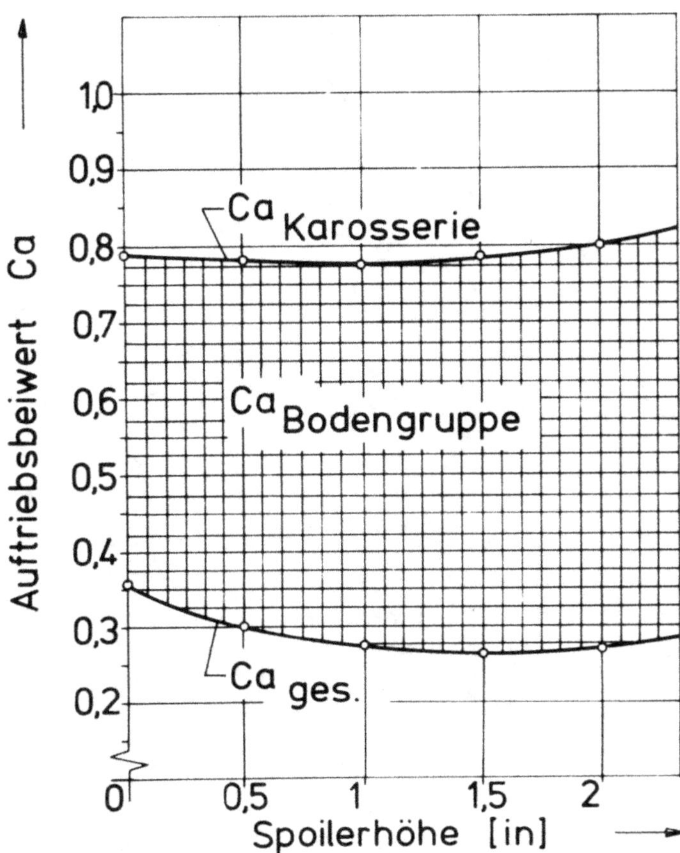

Bild 11: Auftriebsbeiwert von Gesamtfahrzeug, Karosserie und Bodengruppe für das Windkanalmodell in Abhängigkeit von der Spoilerhöhe

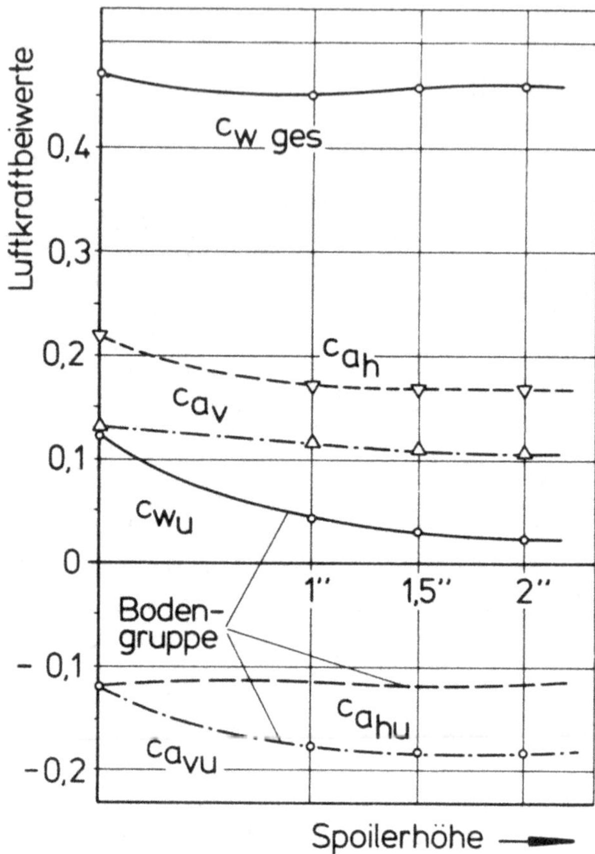

Bild 12: Auftriebsbeiwert für Gesamtfahrzeug und Bodengruppe, aufgeteilt auf Vorder- und Hinterachse
in Abhängigkeit von der Spoilerhöhe

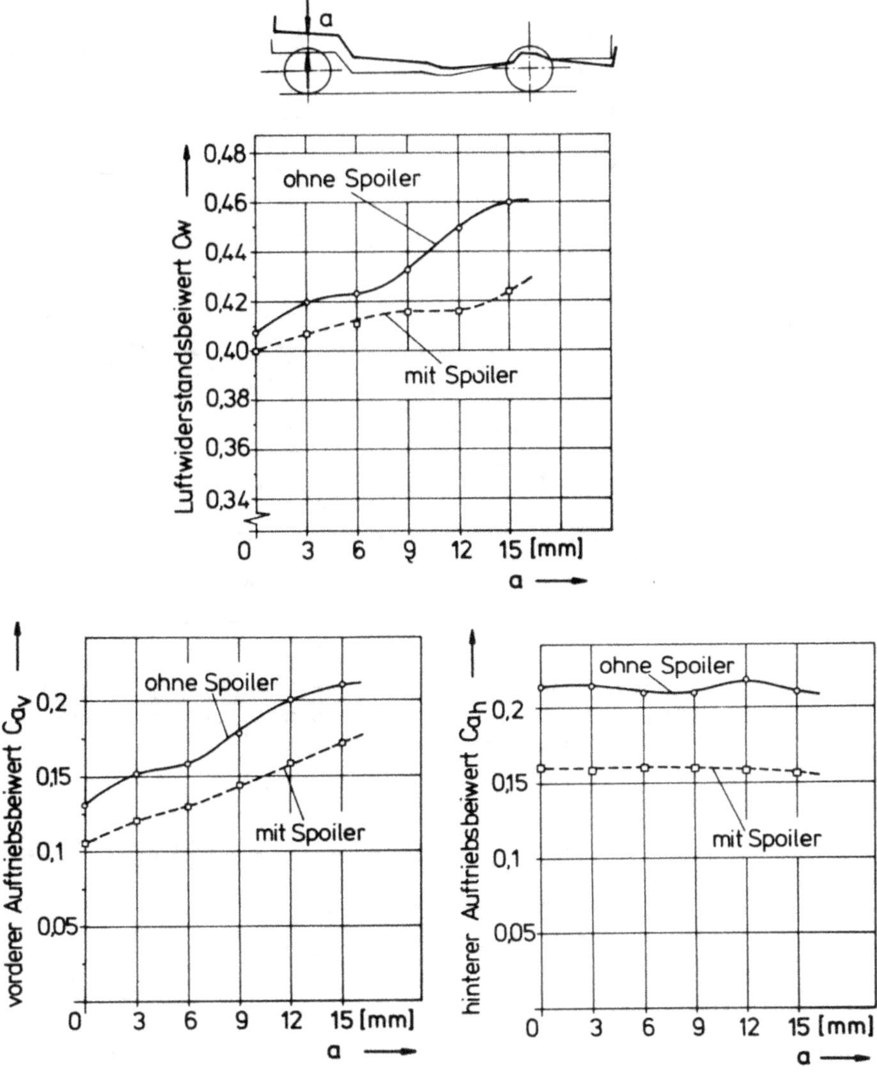

Bild 13: Einfluß der Anstellung auf Widerstandsbeiwert, vorderen und hinteren Auftriebsbeiwert für das Fahrzeugmodell mit und ohne Spoiler

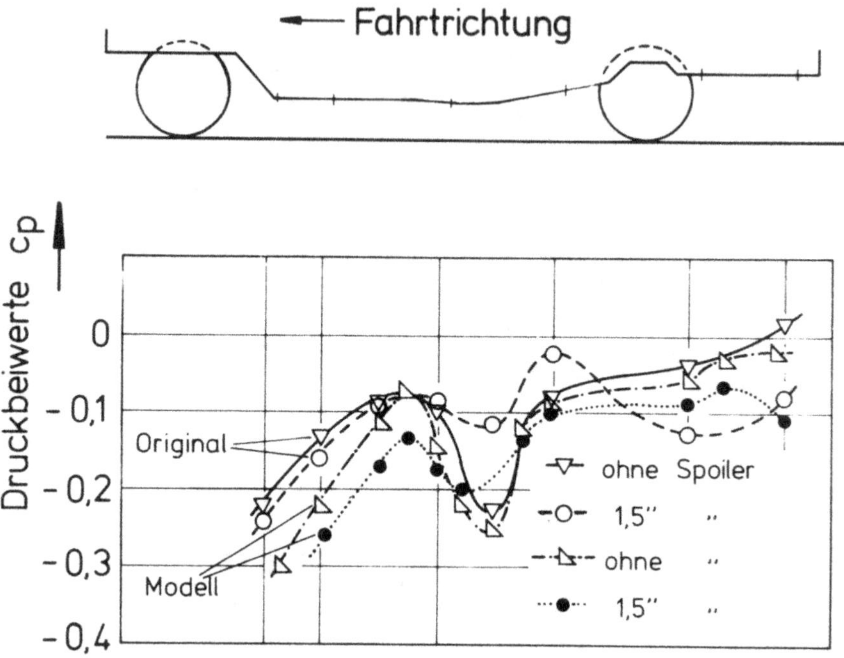

Bild 14 a: Druckverteilung unter Originalfahrzeug und Modell
mit und ohne Spoiler, gemessen an der Fahrzeugunterseite

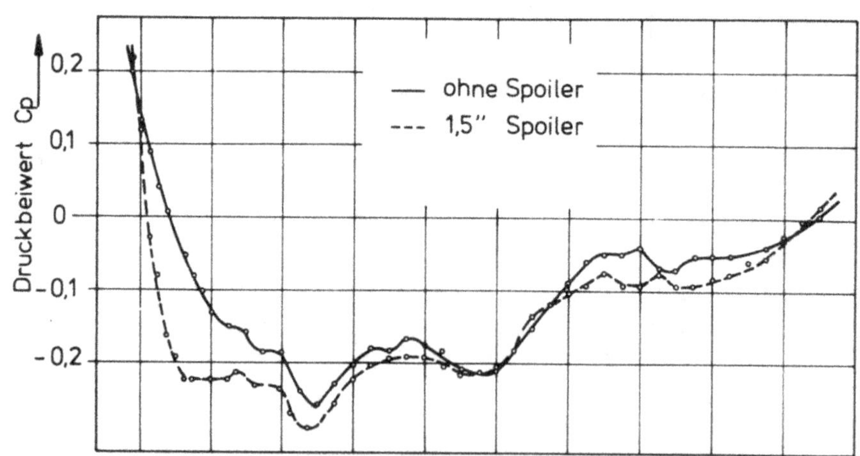

Bild 14 b: Druckverteilung unter dem Modell mit und ohne
Spoiler, gemessen an der Fahrbahnplatte

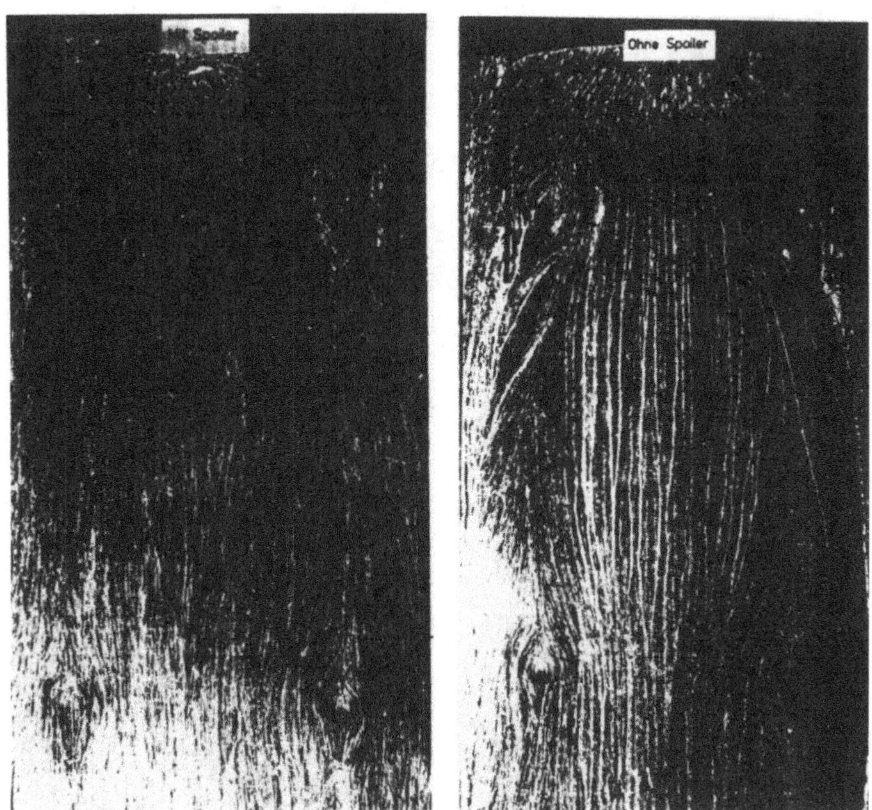

Bild 15: Wandspur-Bild der Strömung auf der Fahrbahnplatte
unter dem Modell mit und ohne Spoiler

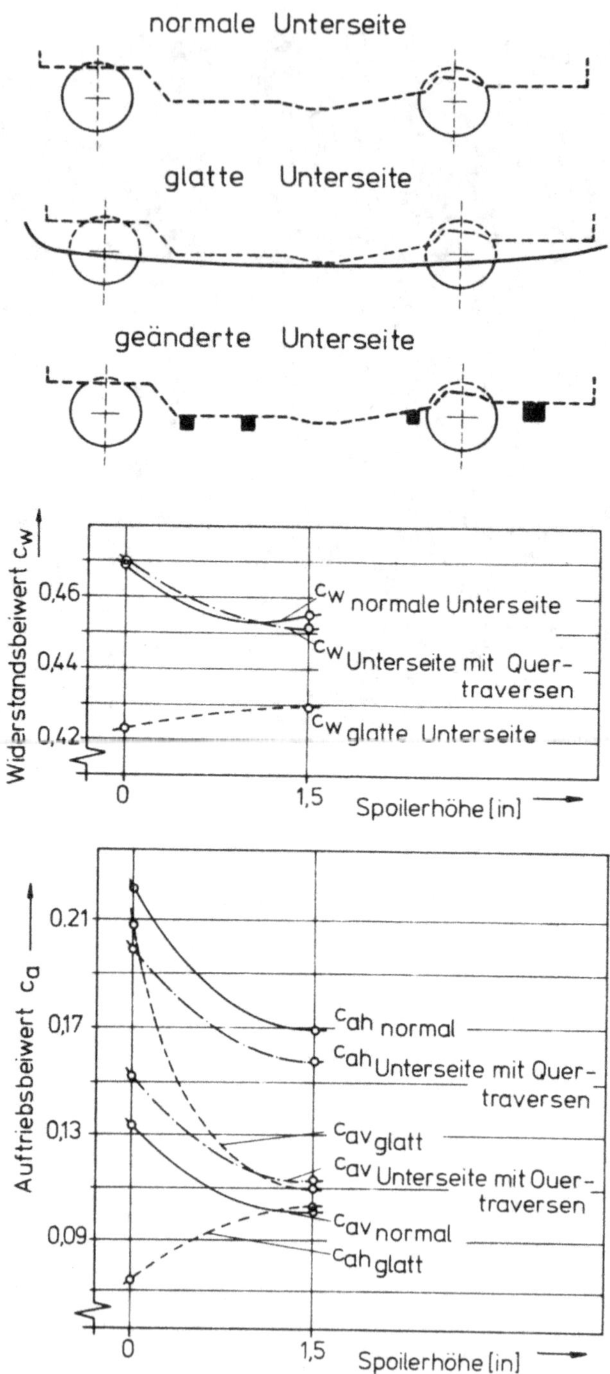

Bild 16: Spoilerwirkung bei modifizierter Fahrzeugunterseite

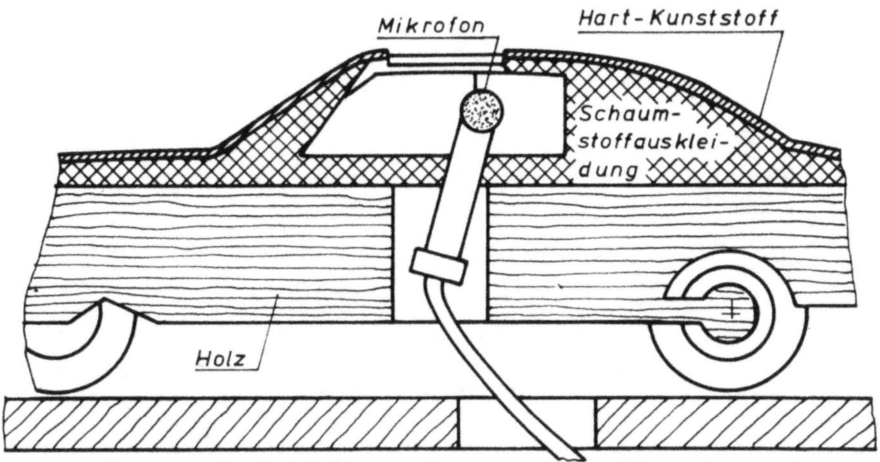

Bild 17: Anordnung des Mikrofons im Modell zur Messung des Schiebedachgeräusches im Windkanal

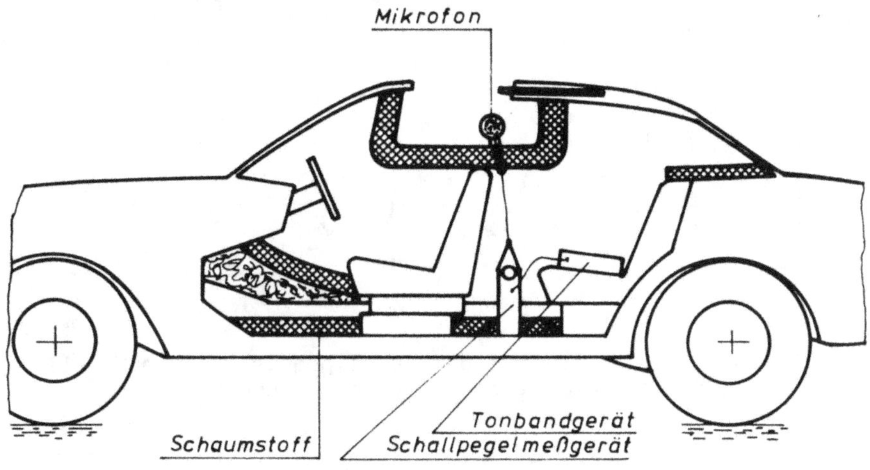

Bild 18: Anordnung des Mikrofons im Originalfahrzeug zur Messung des Schiebdachgeräusches beim Fahrversuch

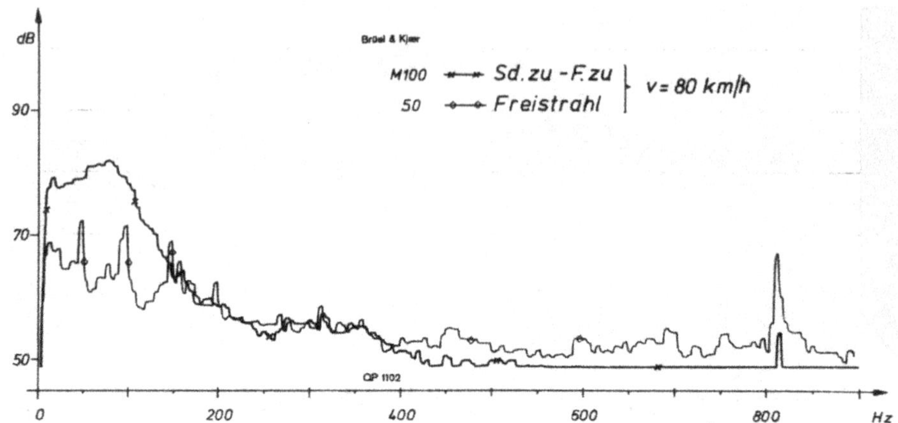

Bild 19: Spektraler Verlauf des Geräuschpegels im ungestörten
Freistrahl im Vergleich mit dem Geräuschpegel im Modell
bei geschlossenem Schiebedach

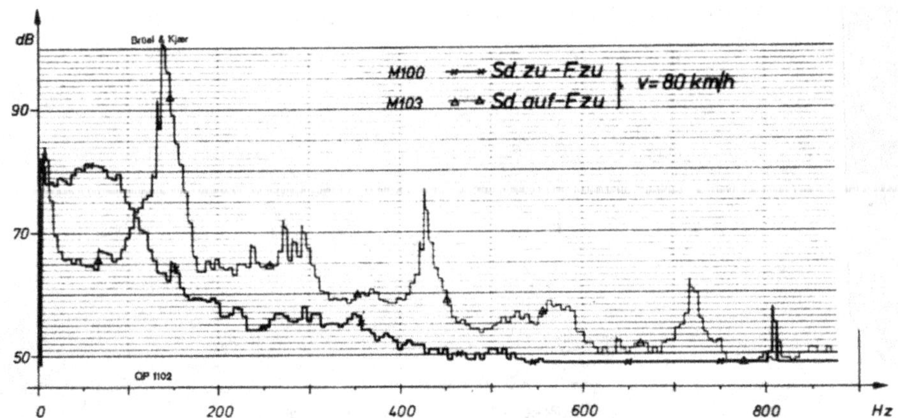

Bild 20: Spektraler Verlauf des Schallpegels für das Modell mit
geöffnetem und geschlossenem Schiebedach

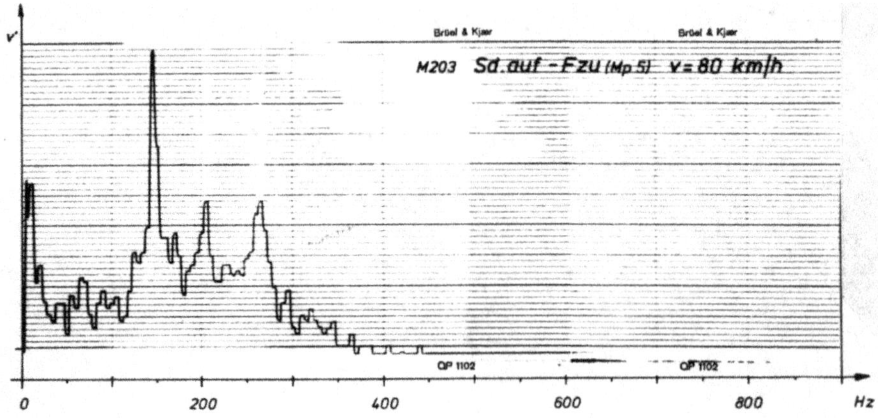

Bild 21: Spektraler Verlauf der Größe der Geschwindigkeitsschwankungen im Schiebedachausschnitt

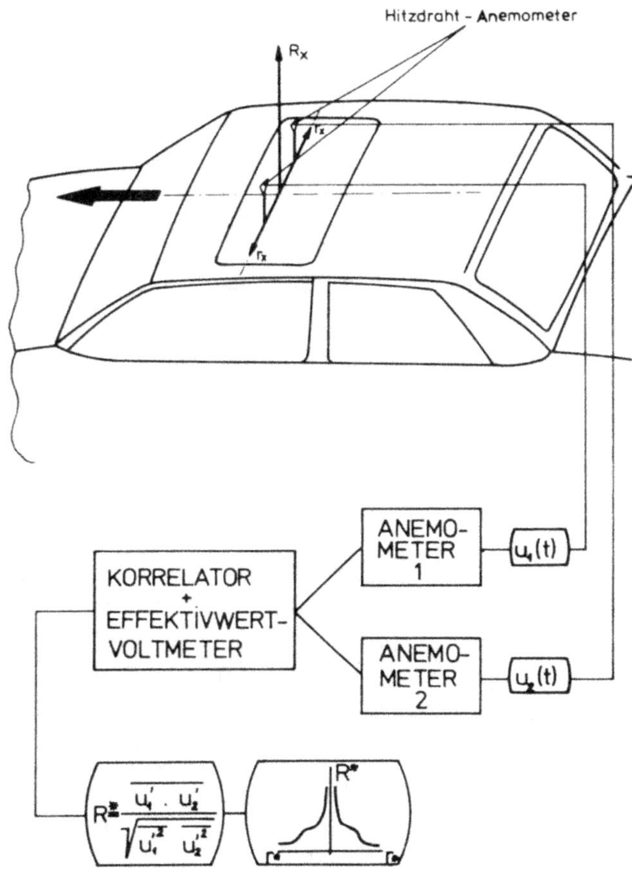

Bild 22: Messung der Korrelation von Geschwindigkeitsschwankungen im Schiebedachausschnitt

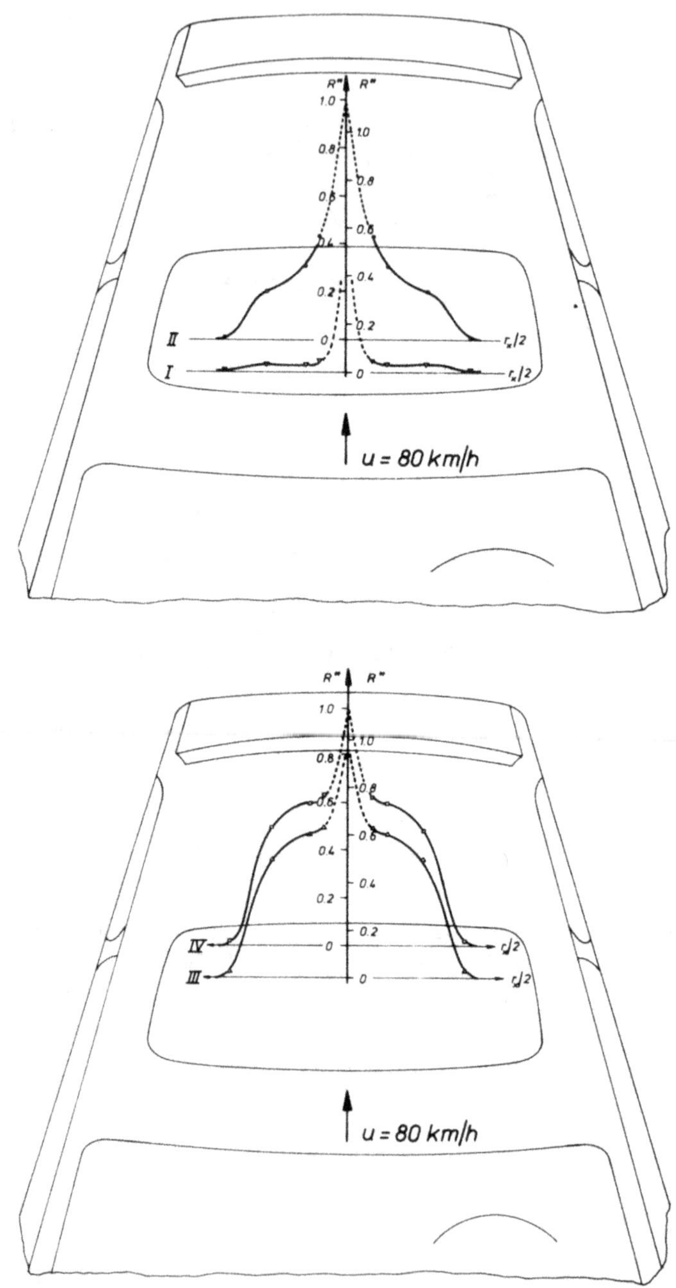

Bild 23: Ergebnisse der Korrelationsmessungen für verschiedene Meßschnitte

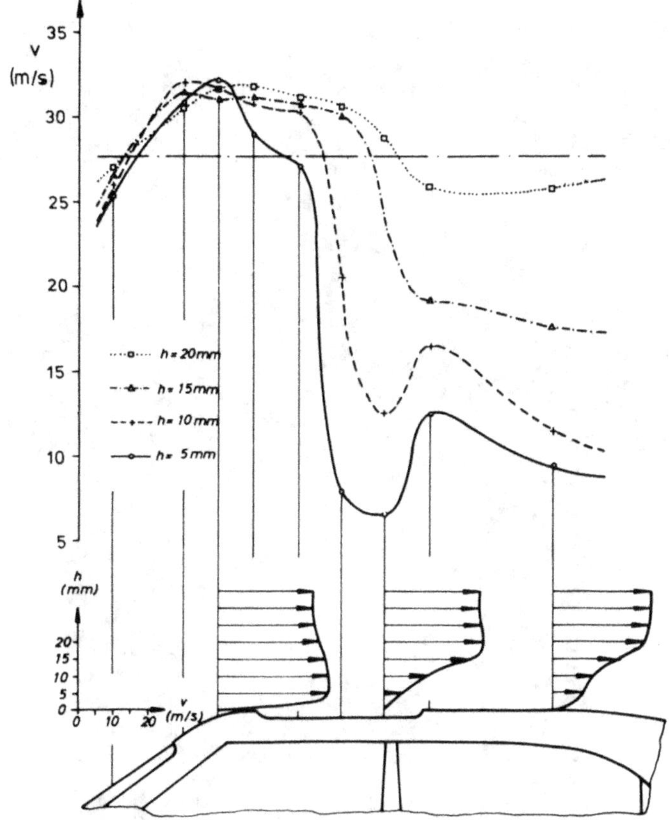

Bild 24: Geschwindigkeitsverteilung im Bereich des
Schiebedachausschnittes

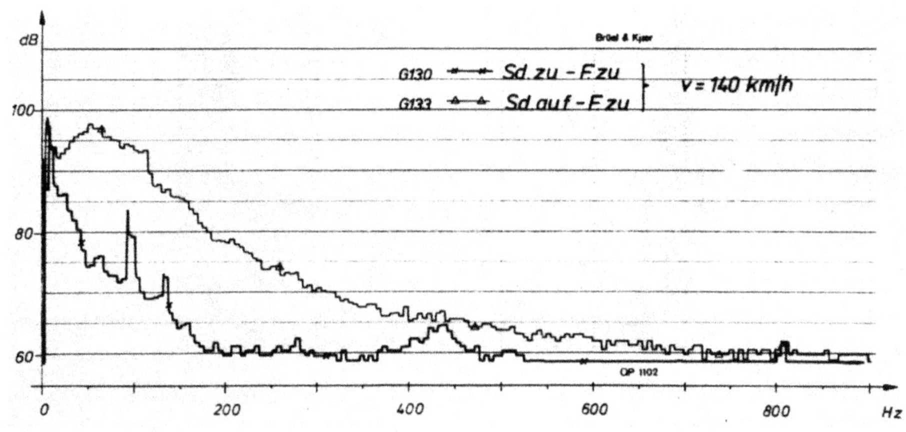

Bild 25: Spektraler Verlauf des Schalldruckpegels gemessen im
Originalfahrzeug mit offenem und geschlossenem Schiebedach bei v = 140 km/h

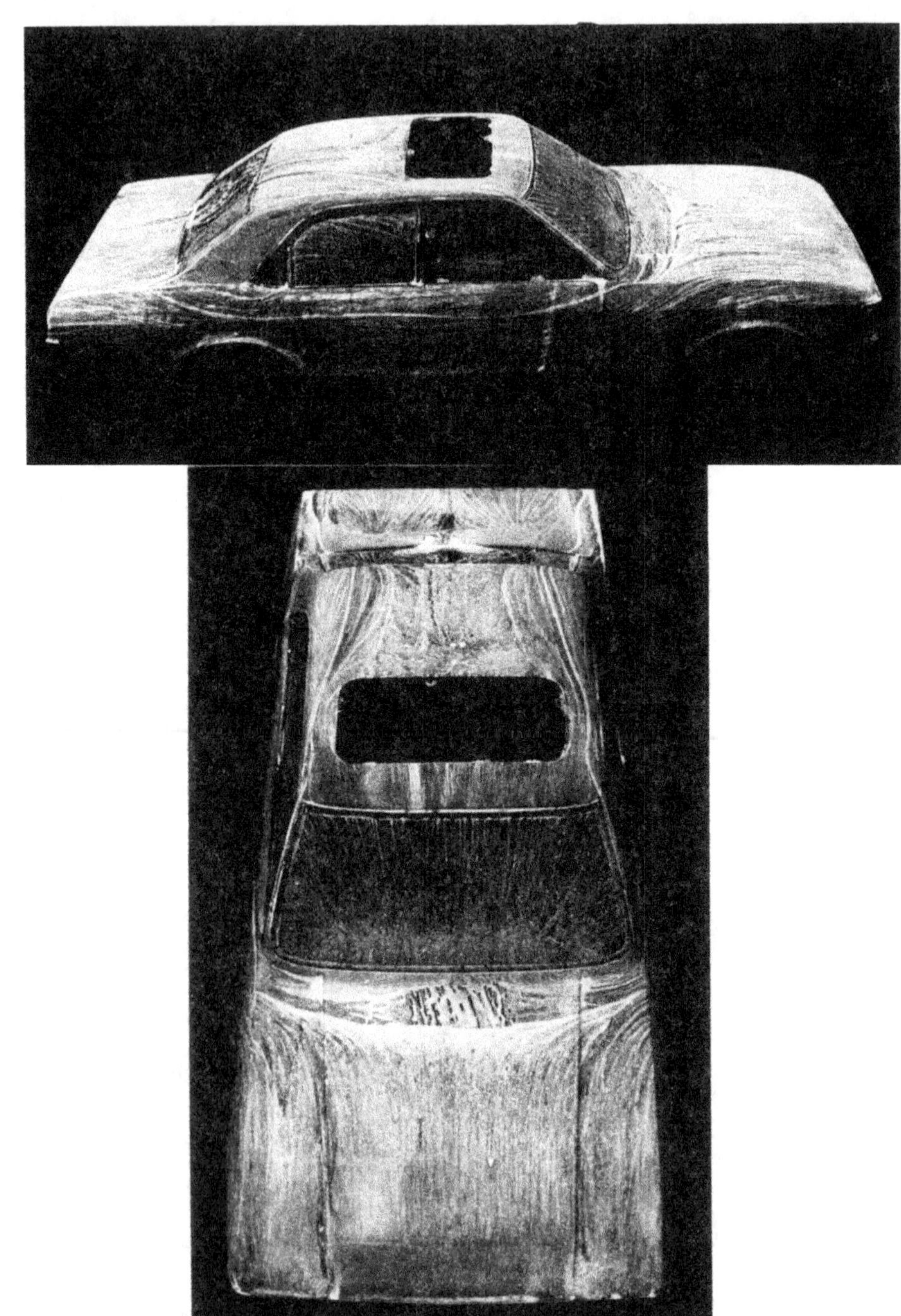

Bild 26: Wandspur-Strömungsbilder des Windkanalmodells
Ford-Granada mit geöffnetem Schiebedach

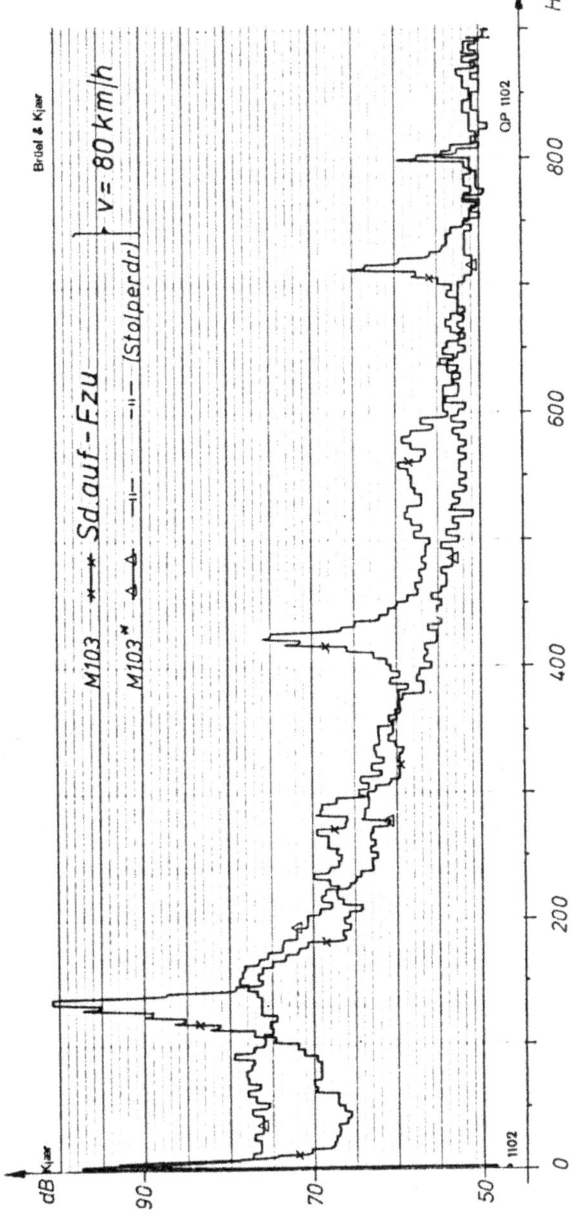

Bild 27: Vergleich des spektralen Verlaufs der Schalldruckpegel, gemessen im Modell bei offenem Schiebedach mit und ohne zusätzliche Stolperkante

FORSCHUNGSBERICHTE
des Landes Nordrhein-Westfalen

Herausgegeben
im Auftrage des Ministerpräsidenten Heinz Kühn
vom Minister für Wissenschaft und Forschung Johannes Rau

Die »Forschungsberichte des Landes Nordrhein-Westfalen« sind in
zwölf Fachgruppen gegliedert:

Wirtschafts- und Sozialwissenschaften
Verkehr
Energie
Medizin/Biologie
Physik/Mathematik
Chemie
Elektrotechnik/Optik
Maschinenbau/Verfahrenstechnik
Hüttenwesen/Werkstoffkunde
Metallverarb. Industrie
Bau/Steine/Erden
Textilforschung

Die Neuerscheinungen in einer Fachgruppe können im Abonnement
zum ermäßigten Serienpreis bezogen werden. Sie verpflichten sich durch
das Abonnement einer Fachgruppe nicht zur Abnahme einer
bestimmten Anzahl Neuerscheinungen, da Sie jeweils unter Einhaltung
einer Frist von 4 Wochen kündigen können.

WESTDEUTSCHER VERLAG
5090 Leverkusen 3 · Postfach 300 620

GPSR Compliance
The European Union's (EU) General Product Safety Regulation (GPSR) is a set
of rules that requires consumer products to be safe and our obligations to
ensure this.

If you have any concerns about our products, you can contact us on

ProductSafety@springernature.com

In case Publisher is established outside the EU, the EU authorized
representative is:

Springer Nature Customer Service Center GmbH
Europaplatz 3
69115 Heidelberg, Germany